U0159265

浪花朵朵

生命的里面
探索动物和人的内部世界

［捷］亚娜·阿尔布雷赫托娃　［捷］拉德卡·皮罗　著

［俄罗斯］莉达·拉琳娜　绘　熊远梅　译

四川美术出版社

你是否用心琢磨过千奇百怪的动物世界？这个世界里有如此繁多的色彩、形态与种类！包括我们人类在内，绝大多数动物的身体都由数万亿微小细胞组成，通过精密的组织，形成一个个鲜活的个体。

每个生命体无时无刻不在工作，其每一个部件都必须分毫不差地运行，不论是一只蝴蝶、一只乌贼、一条蛇、一只老虎还是一个人，莫不如是。为了存活，所有动物都有一套生存之道，用于解决进食、呼吸、活动等方面的问题。当然，每个物种还必须繁衍后代，否则便会灭绝。

你想知道不同动物的身体都是如何运行的吗？翻开这本书，探索动物的身体构造，了解它们为了生存下来，都有哪些让人惊叹的适应方式。

唾液腺

颌骨和牙齿
用于撕裂、咀嚼，并将
大块食物磨碎。

舌头
舌头品尝食物味道，并将食
物送进喉咙。舌头表面分布
的味蕾让我们能立刻判断
送进嘴里的食物是否好吃。

胃
胃产生消化液（胃液），帮
助分解食物，方便消化。

大肠

你知道吗？

唾液有助于分解嘴里的食物，方
便吞咽。如果身体里水分太少，
我们分泌的唾液也会变少，导致
吞咽变得困难。

家牛

暹罗鳄

海月水母

蜜蜂

动物根据它们偏爱的食物被分成几类。**植食性动物**只爱吃植物。**肉食性动物**则喜欢各种肉类，不爱吃植物。还有差不多什么都吃的**杂食性动物**，比如人类。

你知道吗？

绦虫的进食方式算得上是动物世界中最简单的，它甚至都不需要消化系统。那绦虫如何进食呢？它通过身体表面吸取食物的营养物质。

嘴巴、口器、舌头……

根据各自偏爱的食物的特点，不同动物在消化系统的起始端有着不同的器官。人类长着一张嘴，嘴里有牙齿、舌头和唾液；蚊子有一根长长的口器，用来吸血；变色龙和一些蛙类有一条能突然弹出的舌头，用来捕捉昆虫。

蝴蝶长长的口器可以从花朵里吸食花蜜，而在飞行时口器会整齐地向内卷起，不会妨碍飞行。毒蛇用它那有毒的尖牙杀死猎物。

看看你的牙

植食性动物的牙

肉食性动物的牙

动物牙齿的形状取决于它们所吃食物的类型。肉食性动物需要**犬齿**来撕碎肉食，而植食性动物主要用它们坚实的**臼齿**来嚼碎植物。有的动物的牙齿在进食时会不断磨损，因此在一生中会不停生长，比如野兔等啮齿动物就是这样。鲨鱼每次牙齿脱落后都会长出新牙。

剩下的东西去哪儿了？

人体内肠道的最后一段是直肠，它会将食物中未消化的部分作为"便便"排出。而鸟类等其他动物则有不同的"策略"。鸟类的消化系统末端是一个叫**泄殖腔**的器官。泄殖腔同时还是生殖系统和排泄系统的末端。这也是为什么鸟类的粪便和尿液其实是混在一起的。你可能注意到鸟粪外往往还有一层白色的物质——那其实就是尿液。同样的排泄方式还可以在乌龟、青蛙及蛇等动物的身上见到。

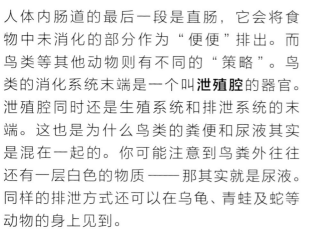

你的身体发生了什么？

胃会产生**消化液**来分解食物。胃壁上有一层屏障能保护胃不受胃酸腐蚀。食物在小肠内停留时间最长，在那里食物被充分消化。糖、脂肪、蛋白质、维生素——任何可以为身体所用的营养物质——将通过肠壁进入血液。

脂肪和糖到达血液

在消化系统内还有很多小到肉眼看不见的"好帮手"——有益细菌。没有它们，动物就无法正常消化食物，也就无法从食物中获取尽可能多的能量。

你知道吗？

在有的水域中生活着一类被称作刺胞动物的生物。它们的身体只有一个开口，既用来进食，也用来排出未经消化的食物残渣。它们的消化腔也被称作肠腔。水母就是典型的刺胞动物。

循环

动物体内物质的输送是通过血液循环来实现的。血液将营养物质和氧气——几乎所有动物生存所必需的东西——输送到身体各个部分，同时也会带走身体产生的垃圾。人类拥有一套封闭的循环系统，它由肺循环和体循环两条路径构成。

蚯蚓

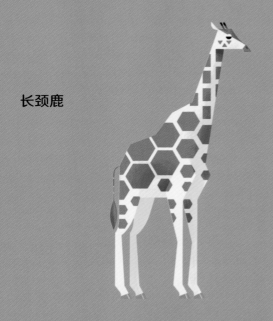

长颈鹿

北太平洋巨型章鱼

黑毛蚁

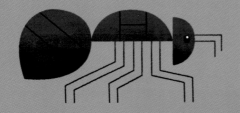

心脏
心脏是泵血的肌肉器官，将血液输送至全身各处，并确保血液循环流动。

肺循环
血液从心脏流向双肺，在肺部摄取氧气后，再回到心脏。肺循环又叫小循环。

体循环
富含氧气的血液被泵入身体的循环，流到身体各个部分，将氧气带到需要的地方。之后，血液会回到心脏去获得更多氧气。体循环又叫大循环。

你知道吗？

成年人大约拥有 4~6 升血液，身体的单次失血量不能超过血液总量的 10%。

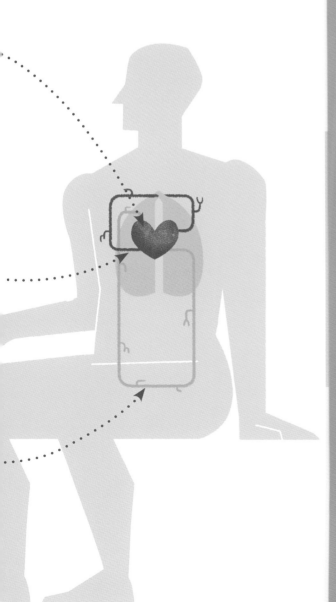

非洲象

金鱼

蜗牛

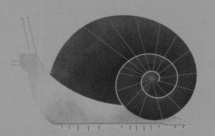

大山雀

不一样的循环系统　　→

无脊椎动物，如蜗牛或蚯蚓，体内有一种叫作**血淋巴**的液体。血淋巴的成分虽然与我们的血液不同，但它在无脊椎动物的身体里起着和血液同样的作用。无脊椎动物有一套**开管式循环系统**：血淋巴在体内各处随意流动，器官和组织都浸浴其中，直接从中接收氧气和营养物质。昆虫的循环系统不运输氧气，它们通过叫作气管的细小管子将氧气输送给器官和组织。

血淋巴

所有的脊椎动物，包括鸟类、爬行动物以及哺乳动物等，都有一套**闭管式循环系统**，看起来就像一张由大大小小的血管组成的巨大网络。血液在血管内流动，并由心脏——一个能够将血液送往全身各处的"泵"——来提供动力。

血液的流动轨迹　　↓

将富氧血运送到身体各组织的血管，叫作**动脉**。将血液送回心脏的血管叫作**静脉**。静脉血管主要运送乏氧血。乏氧血将我们体内的二氧化碳送到肺部，通过呼气排出身体。

心脏的运作　　↓

心脏是脊椎动物体内最勤劳的一块肌肉。这也难怪——它绝对不能停止工作！心脏吸入血液，然后血液被送到肺部，并在那里获得氧气。充满氧气的血液回到心脏，随后通过血管被送往身体的各个部位。如此循环往复。

蓝色还是红色？

血液或血淋巴的颜色取决于其所含有的携氧蛋白质类型。血红蛋白含铁元素，因此呈红色；血蓝蛋白含铜元素，故呈蓝色。蓝色血在软体动物和甲壳动物中比较常见。

你知道吗？

在整个动物世界中，蓝鲸拥有目前已知最大的心脏。这种海洋哺乳动物也是地球上最大的动物。

奇怪的点心　　　　　↓

血液不仅对身体有诸多用处，还是一些动物的食物。你肯定会想到蚊子和蜱虫，但还有其他很多以血为食的动物。大名鼎鼎的吸血蝙蝠便是其中之一。在鱼类和鸟类中也有一些嗜血的种类。

血液的组成

脊椎动物的血液里含有能够携带氧气的**红细胞**；也含有大量**白细胞**，负责攻击所有可能引发感染的未知的和危险的外来物质；此外还有**血小板**，能在你有伤口时帮助血液凝固。

红细胞

白细胞

血小板

血液也有清洁作用，会将身体产生的废物带走，送到肾脏。肾脏形似两个豆子，会过滤血液中的废物，并将其通过尿液排出体外。

噬人鲨

无齿蚌

冠小嘴乌鸦

瓶鼻海豚

呼吸

通过呼吸，你得到维持生命所必需的氧气，并将废气排出体外。对我们的身体来说，在呼吸过程中产生的二氧化碳是危险的，绝对不能留在体内。

气管
空气通过气管，依次经过支气管、细支气管，再到肺泡。

肺
肺是人类的呼吸器官。

肺泡
空气中的氧气从这里进入你的血液。

你知道吗？

有一个叫作会厌的器官，会在我们吞咽时防止食物进入我们的气管。它是一个片状的活瓣，会在我们吞咽的时候闭合。如果气管真的吸入了食物，那是很危险的情况，身体会产生咳嗽、打喷嚏等防御反应。

鼻窦

人通过嘴和鼻吸气。鼻窦是头骨之间、鼻腔周围的含气空腔。在这里，吸入的空气变得温热，不应进入呼吸系统的东西会被清理。

会厌

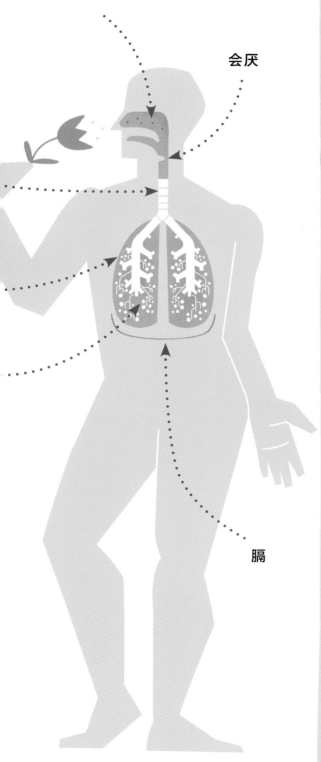

膈

马

红眼树蛙

丝光绿蝇

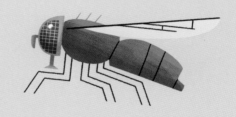

河鲈

你是如何呼吸的?

动物们有各种各样的方式让身体获得氧气。除了人类使用的**肺呼吸**,还有鳃呼吸、皮肤呼吸等用嘴和鼻以外的器官吸入空气的方式。

通过皮肤呼吸　　　　↓

皮肤呼吸是通过体表进行呼吸,在无脊椎动物和两栖动物中比较常见。生活在泥土深处的蚯蚓只能通过皮肤获取土壤里的氧气,无法用其他方式进行呼吸。但是要小心雨水!对蚯蚓而言,这关乎生死。它只有在周围有空气的时候才能通过体表吸收氧气。如果大雨滂沱,土壤中的空隙会被水注满,导致缺少氧气,此时它必须爬出地面,否则就有可能窒息而死。

蛙在陆地上和水下都能通过皮肤吸收氧气。因此,有一些蛙类可以在池塘的淤泥深处冬眠。

在身体的另一端呼吸　　↓

通过肠道或泄殖腔能吸收氧气吗?这也是有可能的。有的水生动物有一套辅助的呼吸系统,能通过肠壁进行呼吸。还有一些龟类可以通过它们的泄殖腔进行呼吸,因此它们能在水下待上数小时。

你知道吗?

蛇的身体充满了出人意料的结构。其中一个是当它想一口吞下一个大家伙时,它可以将与气管相连的声门伸出嘴巴,这样蛇在吞咽的过程中也能保持呼吸。

鸟类的高效呼吸

鸟儿身体里的**气囊**并非仅仅用来储存空气，还能帮助产生向上的升力，以及让鸟儿的歌声更嘹亮。

鲸的水柱

根据鲸喷出的水柱形状，可以判断出这是哪种鲸的杰作。当鲸从肺部呼出湿热的空气时，便会形成水柱：湿热的空气与外界较冷的空气相遇，便会形成细小的水珠，看起来就如同喷泉一般。

如果没有鳃……

没有鳃要如何在水下呼吸？人类发明了潜水装备，而水生甲虫和某些昆虫幼虫也掌握了类似的诀窍。

像水蛛或龙虱这样的小动物在入水时会带上一个空气泡泡。水蛛腹部有一层厚厚的毛发。这些特殊的毛发可以将小气泡带到它在水下织的网上，形成更大的气泡，这个大气泡就是水蛛的家，这样它就可以在水里愉快地生活了。

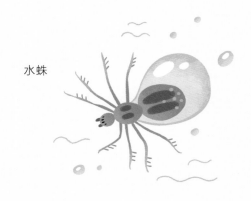

水蛛

龙虱用位于鞘翅下方的气泡进行呼吸。还有的水生甲虫身上有一层细密的毛发，这会让它们的体表形成空气层，它们可以直接从中吸收氧气。

蚊幼虫

有的昆虫的水生幼虫会用一种伸出水面的呼吸管来进行呼吸。

21

钻嘴鱼

星鼻鼹

球蟒

大王乌贼

神经和感觉

神经和感觉对几乎所有动物来说都至关重要——它们能感知来自外部世界的刺激，并确保身体对刺激做出适当的反应。在动物世界中，用得最多的感觉有嗅觉、触觉、听觉和视觉。这些感觉人类也有。

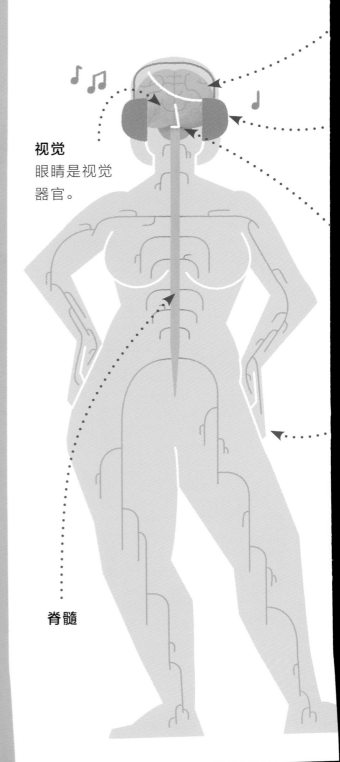

视觉
眼睛是视觉器官。

脊髓

脑

脑是身体的控制中心，它会向我们发出信息，比如此刻身体的某处感到疼痛。而这些信息通过位于脊柱椎管内的脊髓以及密集的神经网络来传输。

听觉

声音的传输会经过外耳、中耳及内耳。通过鼓膜（外耳和中耳之间的一层薄膜）的振动，将声波传到内耳，接着传递到通向脑部的密集神经网络。

嗅觉

鼻腔里的嗅觉感受器可以感知气味分子。

触觉

人体触觉最敏感的部位是指尖。

你知道吗？

接收刺激的神经传感器叫作感受器。身体对刺激的非自主反应被称作反射，比如，当你摸到一个滚烫的炉子时，会一下子缩回手。

抹香鲸

小红蛱蝶

医蛭

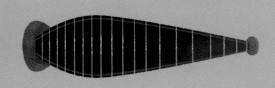

虎

身体使用说明　↓

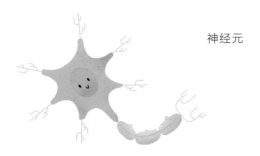

神经元

当面对刺激时，神经系统会在我们体内触发适当的反应。被叫作**神经元**的神经细胞在全身传递各种信息，比如运动的指令或关于疼痛和温度的信息。神经元是如何工作的呢？举个例子，当你摸到滚烫的物体时，神经元会向身体中的一些肌肉发出信号，肌肉收到信号后相应进行收缩，从而使你快速收回手。

最发达的大脑　↓

水母等刺胞动物拥有最原始的神经系统，这让它们的反应非常缓慢。而像昆虫、甲壳动物、蜈蚣以及蚯蚓等生物的神经系统则略微复杂一些。但在无脊椎动物中，要数章鱼、乌贼的神经系统最为复杂，它们甚至拥有发达的大脑。不过，在所有动物中，脊椎动物的神经系统最为高效。哺乳动物和鸟类的神经系统已臻完美。

脊椎动物的大脑

完美定位

不同种类的动物善用不同的感官，这意味着它们的感官发育并不均衡。比如，鸟类视力非常发达，对它们而言，视觉是最好的定位工具。隼或鹰等猛禽能在很远的距离非常清晰地看到猎物，甚至能够判断与猎物的距离和猎物的运动速度。

极好的听力

候鸟每到秋天便会飞向更加温暖的地方。这个过程中，它会充分利用自己发达的感官。有研究发现，候鸟可以感知地球的磁场，这可能是通过喙部含有的磁铁微粒以及眼睛视网膜里的磁感应蛋白实现的。另外，它可以记住地形地貌，还能通过星星和太阳导航。

鲨鱼和它的小把戏　　　↑

鲨鱼可以通过感知每种动物发出的电脉冲来寻找猎物。这项技能得益于它的鼻子顶端一个叫作**劳伦氏壶腹**的器官。它还拥有极其灵敏的嗅觉，能够闻到很远处的血腥味。

你知道吗？

石纹电鳐是非常出色的猎手，它能够产生电流来自卫，或是来捕食——用电麻痹或是杀死它的猎物。

在动物世界中，蝙蝠拥有极其敏锐的听觉。也难怪，作为夜间捕手，它只能依靠**回声定位**在黑暗中飞行。飞行时，它会发出人类听不到的声音，声波遇到障碍物会被弹回，这样它就能知道自己与障碍物之间的确切距离。鲸类也会进行回声定位。

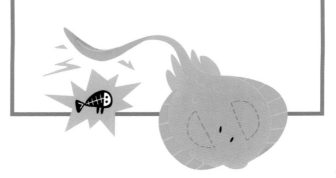

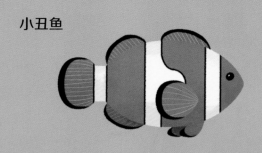

小丑鱼

山羊

鹅

红大袋鼠

繁殖和养育后代

任何动物想要让物种延续，就必须进行繁殖。自然界里有各种各样的繁殖方式。

胎盘
胎盘将母体中的营养物质和氧气输送给胎儿。

脐带
胎盘和胎儿通过脐带相连。我们的肚脐眼正是我们生命的最初阶段留下的印记。

胎儿在母亲子宫内的位置

你知道吗？

在人类母亲的子宫里，大约要经历 9 个月的时间，胎儿才会发育成熟。

子宫

胎儿在母亲体内一个叫作子宫的器官里生长。子宫内充满液体，即羊水，胎儿在其中游动。

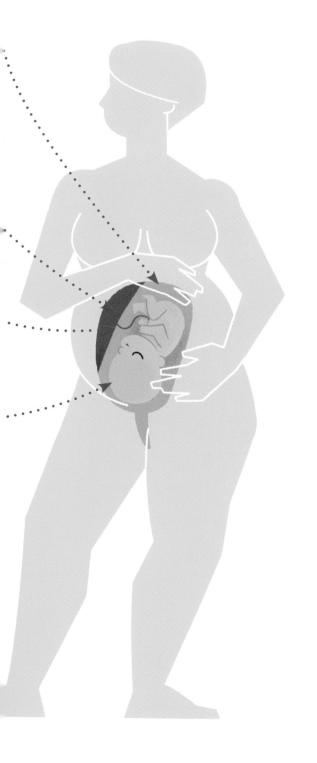

驼鹿

海马

鸭嘴兽

绿螽斯

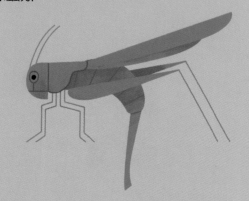

生宝宝必须爸爸妈妈都参与吗？

生殖方式分为有性生殖和无性生殖。无性生殖的一个例子就是**出芽生殖**，也叫**芽殖**，在一些刺胞动物、海绵动物中很典型，比如水螅。成年水螅只需分离出身体的一小部分，这部分会自行生长，很快，就有了一只全新的水螅。

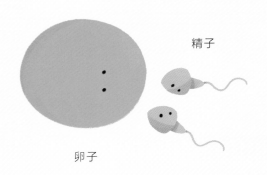

精子

卵子

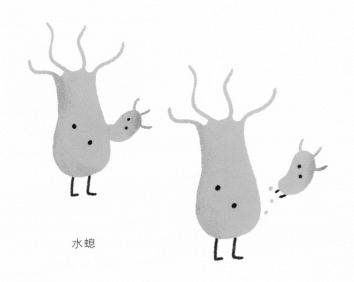

水螅

有性生殖对我们人类而言更为熟悉，这种生殖方式基于雄性生殖细胞和雌性生殖细胞——**精子**和**卵子**——的结合。自这两颗细胞开始，新生命逐渐形成。

从受精到幼崽出生，需要经历漫长的过程。不同动物有不同的方式来完成受精。哺乳动物、鸟类和爬行动物一般是**体内受精**。在交配后，精子必须在雌性动物的生殖系统内找到卵子，并与之结合。

很好养育　　　　　　　　　↓

哺乳动物在照顾幼崽方面大有优势。哺乳动物妈妈能在幼崽出生后立马用**母乳**喂养，人类正是如此。这样就不需要为寻找食物而发愁了。

你知道吗？

现存的卵生哺乳动物只有针鼹和鸭嘴兽。雌性坐在蛋上给蛋保温，孵化后，便用乳汁哺育幼崽。

鱼类育儿 ↓

其他动物，比如两栖动物和大多数鱼类，有着不一样的受精方式。它们的卵会在雌性**体外受精**。雌性将卵子产入水中，雄性释放的精子必须靠游动抵达卵子。一般来说，养育下一代是父母都要参与的，但也有一些例外。看看小海马和小丑鱼的成长经历就知道了。

昆虫幼虫 ↑

无脊椎动物，如昆虫，会产出**受精卵**。它们将卵产在树皮下、植物上或是土壤里。幼虫从卵中孵化出来时，便非常懂得照顾自己。有些昆虫幼虫看起来可能会像缩小版的父母。如果一只小蟋蟀想要长大，它就必须脱去保护它的旧硬壳，长出新壳。而有些昆虫幼虫不论外表还是生活方式，都与它们的父母有很大区别。

蜜蜂和蚂蚁为了后代，得付出更多的辛劳。工蜂或工蚁需要负责照看蜂王或蚁后的幼虫，直到它们长成成虫。

谁下蛋？ →

鸟类和许多爬行动物是体内受精，但它们的受精卵会在母体外生长发育。在干燥的陆地上，蛋壳可以给里面的小生命提供保护——蛋壳里既舒适又安全。对大多数的鸟类和爬行动物来说，父母需要为蛋保温，有的用自己的身体，有的则将蛋埋入温暖安全的地方。蛋孵化后，它们也会保护并喂养后代。

图书在版编目（CIP）数据

生命的里面：探索动物和人的内部世界/（捷）亚娜·阿尔布雷赫托娃，（捷）拉德卡·皮罗著；（俄罗斯）莉达·拉琳娜绘；熊远梅译 .－－成都：四川美术出版社，2024.3
ISBN 978-7-5740-0928-8

Ⅰ.①生… Ⅱ.①亚… ②拉… ③莉… ④熊… Ⅲ.①动物—儿童读物②人体—儿童读物 Ⅳ.① Q95-49 ② R32-49

中国国家版本馆 CIP 数据核字 (2024) 第 044234 号

本作品中文简体版权归属于银杏树下（上海）图书有限责任公司
著作权合同登记号：图进字 21-2023-260

生命的里面：探索动物和人的内部世界

SHENGMING DE LIMIAN: TANSUO DONGWU HE REN DE NEIBU SHIJIE

［捷］亚娜·阿尔布雷赫托娃　［捷］拉德卡·皮罗 著　［俄罗斯］莉达·拉琳娜 绘　熊远梅 译

选题策划	北京浪花朵朵文化传播有限公司	出版统筹	吴兴元
责任编辑	杨 东	特约编辑	马筱婧
责任校对	袁一帆　赵丽莎	责任印制	黎 伟
装帧制造	墨白空间·余潇靓	营销推广	ONEBOOK
出版发行	四川美术出版社		

（成都市锦江区工业园区三色路 238 号　邮编：610023）

开　本	889 毫米×1194 毫米　1/16	印　张	3.75
字　数	54 千	图　幅	168 幅
印　刷	天津裕同印刷有限公司		
版　次	2024 年 3 月第 1 版		
印　次	2024 年 3 月第 1 次印刷		
书　号	ISBN 978-7-5740-0928-8		
定　价	66.00 元		

读者服务：reader@hinabook.com 188-1142-1266
投稿服务：onebook@hinabook.com 133-6631-2326
直销服务：buy@hinabook.com 133-6657-3072
官方微博：@ 浪花朵朵童书